DE LA TAILLE

ET DE LA

CULTURE DU MURIER.

LYON. — IMPRIMERIE DE BOURSY FILS, RUE DE LA POULAILLERIE, 19.

DE LA TAILLE

ET DE LA CULTURE

DU MURIER,

SUIVIES DE QUELQUES OBSERVATIONS

SUR LES VERS A SOIE,

PAR GAILLARD,

Horticulteur-Pépiniériste à Brignais, canton de St-Genis-Laval, (Rhône),

Membre de la Société royale d'Horticulture de Paris.

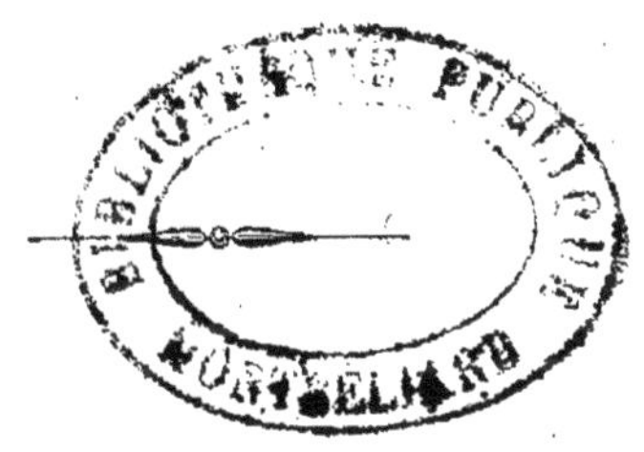

PARIS.

Mme Ve HUZARD, LIBRAIRE, RUE DE L'ÉPERON, 7.

LYON.

AYNÉ FILS, LIBRAIRE ET MARCHAND DE MUSIQUE,
RUE SAINT-DOMINIQUE, 2.

1838.

Observations.

Les observations et les faits que je soumets au public
n'ont point été puisés dans les bibliothèques ; ils ne sont
la suite d'aucun principe systématique, et j'avoue qu'é-
tranger aux sciences et à la littérature, tout l'intérêt de
cet ouvrage se rattache à l'utilité dont il peut être pour
l'agriculture.

Pendant vingt-deux ans de travaux et d'expériences,
j'ai consciencieusement pris note de tous les faits que la
nature a rendus sensibles à mes yeux, et mon but est
simplement d'offrir à mon pays le faible tribut de mes
observations.

Je citerai les remarques que j'ai faites dans plusieurs
localités méridionales, de même que dans celles qui avoi-
sinent le département du Rhône, sur la tenue des mûriers, et, par comparaison, des différentes manières de
traiter cet arbre. Je prouverai que partout où on le taille
il produit quatre fois plus de feuilles et de meilleure
qualité, indépendamment de l'économie que l'on obtient
dans l'action de cueillir les feuilles. Je suis convaincu
que l'élagage adopté aujourd'hui pour la taille, dans la

plus grande partie du Languedoc, est mauvais; car j'y ai vu de vieux arbres et de nouvelles plantations ne donnant aucun espoir pour l'avenir.

En 1836, j'ai observé, dans les environs de Beaucaire, de Bellegarde et de St-Gilles, que la récolte des vers à soie y était très-médiocre; je jugeai, par expérience, que les maladies de ces insectes avaient été produites par une feuille que la taille réitérée avait rendue aqueuse, et que le principe soyeux se trouvait noyé dans une sève trop abondante. Il en résulte que la récolte des cocons, qui fait la principale richesse des habitants du Midi, me paraissait près de les abandonner, et de porter ses avantages vers des régions moins favorisées de la nature, mais aussi moins routinières, parce qu'elles ont adopté l'ancien système de d'Andolo, et les nouveaux de d'Arcet et de Camille Beauvais.

La France presqu'entière jouira d'avantages bien plus grands que le Midi ne l'a fait jusqu'à ce jour, si elle adopte une nouvelle direction dans la culture du mûrier, et si elle s'élève au-dessus des préjugés dont les anciens ont entaché cette science précieuse.

Tous les raisonnements, toutes les théories les mieux fondées viennent ordinairement échouer contre la présomption ignorante du maître et l'ineptie de ceux qui le servent. « Nos pères ont fait ainsi, nous voulons faire de même! » Tel est leur argument inévitable. Quelle sottise!

Je ne me dissimule pas les difficultés que j'ai à vain-
cre ; mais, armé de preuves, j'en viendrai à bout.

Quelques propriétaires m'avaient accordé leur confiance chez eux, pour effacer l'ornière des habitudes, et
procéder, par le principe indiqué, à l'amélioration de
leurs plants ; mais le défaut de persévérance les a découragés, et l'épreuve en est restée là.

Quant à moi, pénétré de l'utilité de propager cet arbre
précieux, je me suis voué tout entier à sa culture ; j'ai
établi des pépinières qui contiennent 250,000 individus,
et où je cultive les variétés les plus précieuses propres à
nourrir les vers à soie. Parmi ces variétés je disposerai à
demeure d'un assez grand nombre de chaque espèce, que
je conduirai soit à mi-vent, soit à plein vent, et cela
pour prouver les avantages que le propriétaire peut obtenir en pratiquant une taille bien raisonnée et bien
suivie.

Jusqu'à présent j'ai vu planter des mûriers sur les
bords des fossés, le long des grandes routes et même
dans les haies ; depuis vingt ans ces arbres n'ont pas pris
plus d'accroissement que le premier jour, et cela à défaut de taille et de soins nécessaires, comme aussi de
n'avoir pas su diriger les plantations.

J'ai vu pratiquer des creux de deux mètres carrés et
d'un mètre de profondeur, et placer là-dedans de malheureux arbres qui n'y ont trouvé qu'une tombe au lieu
d'un berceau. Et les planteurs accusent la nature du sol,

quand ils ne devraient accuser que leur apathie et leur ignorance !

Cette branche d'industrie est trop importante pour la France, elle renferme trop d'éléments de succès, de prospérité, pour que la voix des esprits stationnaires m'arrête dans le chemin du progrès.

Il me semble que je dois inspirer de la confiance, moi simple ouvrier, pour lequel aucun intérêt ne doit résulter de ce que je publie, si ce n'est la satisfaction d'être utile à ma patrie.

Je désire offrir aux propriétaires découragés par des essais malheureux une garantie de succès et des ressources inappréciables, en leur signalant le mode de culture convenable, en leur indiquant, leur démontrant une taille bien conduite.

Heureux si je puis faire perdre aux terrains les plus arides de nos contrées cette physionomie où l'œil cherche vainement quelques traces de verdure ! Je désire que nos chemins vicinaux, et une grande partie des terres incultes ou peu productives, se réveillent à la voix de la science, et se parent des trésors d'une végétation riche et belle. Tel est mon but, telle est la récompense que j'ambitionne.

J'avais l'intention de retarder de quelques années la publication de cet ouvrage, cela eût été nécessaire pour m'étayer de quelques expériences dont je ne puis parler maintenant ; j'aurais pu employer aussi quelque temps, autant que cela aurait dépendu de moi, à visiter les dif-

férentes contrées où l'on cultive le mûrier, mais j'ai ré-
fléchi que cette publication ne sera pas inopportune
aujourd'hui.

Les belles expériences tentées dans plusieurs départements du centre, et dont le succès met à l'abri de chances
malheureuses la récolte des cocons, doivent nécessairement encourager les grandes plantations, et indiquer les
moyens de les faire prospérer.

Ces plantations me paraissent d'une nécessité incontestable et surtout d'un grand à-propos; c'est pourquoi
je me suis engagé à mettre au plus tôt de l'ordre et de
la suite aux notes que j'ai recueillies depuis long-temps,
et à les présenter au public.

DE LA TAILLE

ET DE LA

CULTURE DU MURIER.

—◆—

Des avantages du Mûrier.

Peu d'arbres nous offrent le spectacle d'une vitalité aussi surprenante que celle du mûrier. Il semble avoir accepté une lutte avec les préjugés et l'ignorance de l'homme; il se prête à ses caprices les plus extravagants, et triomphe souvent de l'application du système erroné auquel se livrent, à son égard, les cultivateurs ignorants.

J'ai vu des mûriers, plantés en dépit du sens commun, pousser néanmoins des tiges assez belles, et présenter, pendant quelques années, l'aspect d'une nature satisfaisante.

J'en ai vu dans le département des Bouches-du-Rhône qui, horriblement mutilés, et le tronc couvert de moignons, se couvraient de larges feuilles cachant généreusement l'ineptie du tailleur.

C'est, j'ose le dire, à cette faculté qu'a le mûrier de braver ses bourreaux, qu'il faut attribuer la persistance fâcheuse des cultivateurs à rejeter la loi du progrès. Si l'arbre périssait aussitôt après avoir été planté ou mal taillé, le propriétaire s'apercevrait aisément du mauvais principe, et alors il s'ingénierait par d'autres moyens à arriver à de meilleurs résultats; mais le mûrier donnant signe d'existence, n'importe à quelles conditions, la routine continue sa marche, et le vulgaire la suit.

Il arrive donc que, lorsque le mûrier ne paraît pas aux yeux du cultivateur dans un état de végétation satisfaisant, il le couvre d'engrais, il l'accable de tailles. A la suite de cette opération, il s'aveugle souvent et se croit heureux parce qu'il a obtenu six à huit livres de feuilles d'un arbre de six à sept ans; il va plus loin : il suppose qu'il deviendra plus productif; mais qu'une décrépitude prématurée vienne détruire ses espérances, il s'en prend aux sécheresses, à la basse température, et finit par conclure que le pays ne convient pas à la culture de cet arbre.

Eh bien! j'affirme que le mûrier prospèrera partout où il sera planté avec soin, et quand on aura pratiqué une taille convenable à sa nature.

Je me charge avec garantie de toutes les plantations qui me seront confiées, faites à ces conditions. Tout sol et toute exposition conviennent au mûrier, excepté les marais et les terrains tourbeux. Il se trouve bien dans les terres fraîches, profondes, légères, crayeuses, argileuses et calcaires. Il est à propos, par exemple, dans les terres argileuses, de faire, six mois d'avance, des creux de deux mètres carrés et d'un mètre de profondeur, et d'étendre la terre d'une manière égale, afin que l'air et les météores puissent, en la pénétrant suffisamment, la pulvériser et la rendre végétale. Au moment de la plantation, on doit préalablement remettre cette terre au fond du creux. L'arbre ne doit être enterré qu'à deux pouces plus profond qu'il ne l'était en pépinière. On ajoutera quelques corbeilles de terre d'alluvion ou de terreau végétal qui aura été entassé au moins depuis un an. La plantation exécutée de la sorte est assurée d'un plein succès.

En est-il de même de tous les arbres? beaucoup ne se refusent-ils pas entièrement à un mauvais terrain ?

Le mûrier, au contraire, dans quelque condition qu'on le prenne, supporte un sol très-médiocre et s'accoutume à la sécheresse, pourvu qu'il reçoive à temps les labours nécessaires à la destruction des mauvaises herbes.

Si, dans de vastes plantations où le terrain peut être varié, on rencontre des terres blanches, des tufs et de l'oxyde de fer, il convient d'ouvrir des fosses de trois mètres de largeur et de sept décimètres environ de profondeur, afin de pouvoir reporter quelques terres d'une meilleure nature et favoriser la reprise des arbres, en observant bien que la racine du mûrier ne pivote jamais, qu'elle rampe superficiellement, ce qui rend sa culture si facile et ce qui fait qu'il s'accommode de toutes sortes de terres. Il est bon, quand on le peut, en plantant les mûriers, d'employer, de préférence à tous les fumiers possibles, le genèt, le buis et les branches du genévrier ; dans les terrains forts et argileux, ce genre d'engrais peut être utilisé avec succès.

Je garantis que des plantations de six à huit ans préparées ainsi peuvent atteindre une circonférence de neuf à dix mètres, lorsqu'elles ont reçu une bonne direction par la taille, une culture convenablement raisonnée et faite à propos.

Je suis persuadé, en outre, que le mûrier bien conduit peut rivaliser en produit avec toutes les autres productions, soit vignicoles, soit céréales, même dans le département du Rhône, quoique la main d'œuvre y soit fort élevée et les ouvriers généralement recherchés.

Je ne pense pas comme ceux qui prétendent qu'il faut détruire pour rétablir. Je ne conseillerais pas la destruction d'une bonne luzernière, d'une bonne vigne ou d'un bon champ à froment ; mais je conseillerais de planter des mûriers dans une terre fatiguée de toute autre culture, de border toutes les propriétés soit en haies de mûriers, soit en mûriers à hautes tiges et séparés convenablement.

C'est dans la multiplicité des produits que l'agriculteur intelligent doit chercher son aisance.

A-t-il de grands fossés d'écoulement, qu'il les borde de mûriers; en peu d'années, cela fera de belles avenues qui ajouteront aux agréments de sa propriété comme aussi à l'intérêt qu'elle doit produire.

A-t-il des pentes où la culture ne peut se faire que difficilement, quelquefois même sans succès, à cause des difficultés qu'elles présentent pour la manœuvre du bétail et la dégradation produite par les averses, qu'il plante dans ces parcelles de terrains des mûriers à demi-tiges ou en taillis, qu'il le fasse successivement et peu à peu; de cette manière, il augmentera ses revenus sans dépenses relatives et allégera même ses travaux. Il aura donc acquis, j'ose le dire, des produits considérables là où auparavant il ne trouvait qu'une stérilité désespérante.

La culture du mûrier est non-seulement la moins dispendieuse, mais encore elle se trouve avoir lieu à une époque où le plus souvent les travaux des domaines sont terminés; elle vient en quelque sorte compléter ces travaux au lieu de les gêner, de manière que le propriétaire qui a un certain nombre de domestiques et de manœuvres attitrés, peut les utiliser en procédant à des plantations sur les terrains vastes et infertiles qui font partie quelquefois de ses propriétés.

Dans le département de l'Ain, par exemple, où des surfaces immenses de terrain sont encore en friche et en pâturages, ce système peut être employé fort à propos. Cela viendrait ajouter aux nombreux avantages que ce pays a obtenus depuis quelques années en produits céréaux, par l'exemple de riches propriétaires qui ont adopté comme engrais le système de Cholage.

Il faut espérer que ces cultivateurs distingués n'hésiteront pas à adopter aussi la culture du mûrier, et l'on est certain que, de leur part, ce ne sera pas une spéculation égoïste, que l'intérêt particulier seul ne les guidera pas. En poussant de plus en plus au progrès, ils auront en vue le bonheur du pays et particulièrement celui des familles malheureuses qui les entourent. Leurs propriétés auxquelles ils ont ajouté une valeur de cent pour cent n'en deviendront que plus riches, au moyen des plantations de mûriers, et tout ce qui vit par le travail, dans les environs, pourra être occupé et se procurer une aisance.

J'ai visité la Bresse, et, sauf quelques propriétaires qui ont eu la bonne idée et les moyens d'améliorer leurs propriétés pour modifier la race de leur bétail, j'ai vu partout les bêtes à cornes d'une espèce très-médiocre et d'une petitesse extraordinaire. A quoi cela tient-il? aux mauvais soins et à la mauvaise nourriture; et les mauvais soins et la mauvaise nourriture, à quoi les faut-il attribuer? au défaut d'industrie et de bons exemples.

Dans ce pays, les bêtes à cornes sont souvent même privées de paille de seigle pendant l'hiver.

Avec de bonnes plantations de mûriers, on obtiendrait une condition différente pour ces animaux, car le produit qui en résulte, supérieur à celui des céréales, emporté en partie par les ouvriers qui en font l'exploitation, laisserait, par la récolte abondante et supplémentaire des feuilles, un excédant nécessaire pour nourrir les animaux. A la fin d'octobre, alors que la feuille commence à jaunir, on peut la ramasser et la mêler avec de la paille, à laquelle elle communique une saveur succulente. Elle est d'une grande ressource, soit pour la nourriture des chevaux, des mulets et des vaches pendant l'hiver où les travaux sont suspendus, soit qu'on la réserve pour l'hivernage des troupeaux et des bœufs qu'on engraisse; dans ce dernier cas, il faut faire sécher la feuille dans des lieux aérés, afin de la convertir en nourriture : les porcs en sont très-friands.

En suivant cette méthode simple et utile, on aura nécessairement des résultats avantageux; les animaux se porteront mieux, deviendront plus gras et se modifieront dans leur nature.

On peut semer sous les mûriers à plein vent, en suivant une rotation quatriennale : 1º du chou colza; 2º fumer après le colza et semer des pommes de terre ; 3º des betteraves champêtres; 4º du maïs; 5º enfin, de la vesce pour être enterrée comme engrais.

Toutes ces cultures sont en rapport, par leur époque, avec celle du mûrier. Ces produits, d'un grand avantage pour les engrais des troupeaux et des bœufs, peuvent remplacer parfaitement les immenses pâturages supprimés par les dépècements des biens; avantage, non-seulement à cause des bénéfices qui sont quelquefois considérables, mais encore par rapport au fumier qui en revient.

La taille du mûrier fournit du bois pour alimenter la maison du fermier. Les taillis recépés tous les quatre ou cinq ans donneront, outre le menu bois, une quantité de très-belles tiges qui pourront faire de très-bons échalas pour la vigne. On pourra utiliser les litières des vers à soie en les criblant après les avoir fait sécher, et en les donnant, en guise d'avoine, pour nourriture aux chevaux, aux mulets et même aux bœufs qui sont à l'engrais.

Après avoir fait sécher également les crottes, on peut les destiner avec avantage à l'engrais des porcs. On les vend en Provence de 6 f. à 6 f. 50 c. les 50 kilogr. Ces avantages, quelque faibles qu'ils paraissent, sont plus réels qu'on ne pense; les principaux produits des vers à soie, dans les pays qui les élèvent, sont obtenus avec tant de dépenses, que très-souvent le revenu net resté entre les mains du propriétaire est très-peu de chose.

Les petits produits, les produits secondaires, n'étant pas comptés, restent tout entiers aux fermiers, et c'est à cela qu'ils doivent tout leur ensemble. Pourquoi les propriétaires les dédaigneraient-ils, surtout s'ils étaient eux-mêmes leurs fermiers?

Idée générale sur le mouvement de la Sève.

Avant que de démontrer à l'agriculteur combien le mode de taille adopté dans le Languedoc est vicieux et contraire aux intérêts du pays, nous examinerons s'il n'est pas opposé aux lois les plus communes de la végétation.

Je n'ai pas la prétention d'élever un nouveau système de physiologie végétale ; je prétends seulement, en adoptant les idées les plus généralement reçues, en simplifier l'expression au point de les rendre familières au dernier de nos paysans.

L'agriculteur le plus simple a toujours quelque idée des inconvénients qui peuvent être causés par une taille intempestive pour la contradiction de la sève. Il connaît le temps de son repos ; il sait que l'action du soleil produit son mouvement d'ascension, et que, la nuit, elle retombe dans un état d'immobilité.

Mais de ces notions confuses il ne lui reste pour lui aucunes conséquences pratiques. Il taille quand le temps le lui permet ; il couronne un arbre sans s'embarrasser si une telle opération n'exige pas une époque particulière, et il rac-

courcit les plus beaux rameaux sans se douter
un instant qu'ils peuvent être nécessaires à la
circulation de la sève, principe fondamental de la
vitalité.

Des expériences long-temps et constamment
répétées m'ont convaincu que la taille des jeunes
mûriers ne peut être avantageuse que lorsqu'elle
est faite dans le mois de mars, au moment du départ de la sève. Cette taille doit être répétée pendant quatre ans à la même époque, avec le soin
d'étendre les branches de huit à dix pouces de
longueur. La cinquième année de la plantation,
il faut diviser ces plantations par tiers, et faire
subir au tiers la taille au mois de mars; il faut
ébourgeonner soigneusement au mois de mai ,
afin d'utiliser les nouveaux bourgeons que l'on
extrait, pour la nourriture des vers à soie.

On peut ramasser la feuille des deux autres
parties, et, après l'opération, les suivre attentivement, afin d'enlever les petites branches qui auraient été fracassées en cueillant la
feuille.

En suivant cette rotation de taille par tiers,
d'année en année, on obtiendra une quantité
considérable de feuilles, et l'on sera certain d'é-
lever des arbres robustes et de longue durée.
Si, au contraire, on pratique la taille en été,
comme cela a lieu dans le Midi, où l'on obtient

de tristes résultats malgré les faveurs d'un climat et d'une température admirables, que devrons-nous espérer, nous qui, sous ce double rapport, nous trouvons dans des conditions tout-à-fait contraires? En effet, si nous adoptons ce mauvais principe, nous devons nous attendre aux conséquences les plus fâcheuses.

En opérant la taille en été, nous devons redouter la mort de tous nos arbres, parce qu'après cette opération la sève, avant de prendre son mouvement, reste au moins huit jours immobile; il ne lui reste donc plus qu'un parcours de trois mois et demi, après quoi les gelées arrivent, surprennent les jeunes tiges noyées dans leur sève et les détruisent complètement. La taille, étant indispensable, ne peut donc être exécutée que de la manière indiquée ci-dessus.

L'observateur superficiel pourrait cependant être satisfait en parcourant le Midi, car on y voit une belle verdure et une magnifique végétation, ce qui pourrait lui faire supposer que là, par-dessus tout, on pratique les bons principes de culture.

Mais qu'il considère attentivement et avec scrupule le spectacle ravissant qu'il a sous les yeux, il s'apercevra bientôt que les arbres doivent éprouver une vieillesse anticipée et paralytique; et cela en observant que, sous les rameaux qui les décorent, les troncs sont morts par le fait d'une taille imprudente.

J'ai recueilli dans le département de l'Ardèche des notes assez intéressantes auprès de quelques hommes qui, sans être savants, observaient très-bien la nature du mûrier. Ils m'ont avoué que, depuis qu'on y pratique la taille en été, les arbres n'y vieillissent plus comme autrefois. A Aubenas, par exemple, où les mûriers ont fait la fortune du pays, on n'en trouve qu'un très-petit nombre de plus que centenaires, et c'est ce qui reste peut-être des plantations exécutées sous Colbert.

Mais les plantations qui les remplacent, et dont l'âge est à peu près de soixante à quatre-vingts ans, avec leur croissance caverneuse et leur manteau de mousse, vivront encore long-temps par les raisons que j'indique; mais donneront-ils à leurs propriétaires les quatre à cinq quintaux de feuilles qu'on recueillait autrefois, et qu'on recueille encore dans certaines localités du Midi, sur de vieux mûriers dont la serpette et la scie n'ont point tourmenté la sève en été?

L'état des plantations de dix à quinze ans est encore moins prospère et moins riche d'avenir, et dans ces climats privilégiés, où l'air et la terre caressent également le mûrier et paraissent vouloir à l'envi lui préparer une existence longue et heureuse, les enfants voient pourtant dépérir les arbres plantés par leurs pères!

Mais c'est bien autre chose sous notre température qui amène des gelées précoces! Quand les rigueurs et la durée du froid auront détruit les jeunes pousses, quelle cause aidera à ouvrir un passage à la sève, puisque les pores seront fermés par les plaies et les chancres occasionnés par la gelée, indépendamment de la taille réitérée qui, ayant déjà provoqué des engorgements de sève, aura déjà préparé l'arbre à recevoir sa sentence de mort? Je vais donc m'efforcer, autant que l'utilité l'exige, de me rapprocher des procédés mêmes de la nature.

Dans une taille raisonnée, laissons autant que possible la sève parcourir librement sa route, pendant l'été, depuis les racines jusqu'aux plus hautes branches; et par cette circulation continuelle et facile, donnons-lui le moyen de répandre, non pas avec fougue et déchaînement, mais avec modération, les sucs nécessaires à toutes les branches, ces sucs précieux, ces sucs nourriciers qu'elles tirent de la terre, pendant le jour, par les racines, et de l'atmosphère, pendant la nuit, par les feuilles, et cela de manière à fortifier, à bien aoûter les jeunes pousses, et à communiquer en même temps aux anciennes une vigueur nouvelle.

On peut appliquer ce principe à tous les arbres
en général; mais je me borne seulement aux mûriers, qui seuls doivent faire la richesse des cam-
pagnes éloignées des grandes villes.

Par mon raisonnement simple et facile sur la
circulation de la sève, le campagnard pourra facilement mettre en application la théorie que je
lui expose, parce que je ne dis rien qui ne soit à
la portée de son intelligence, me trouvant sous
ce rapport sans aucun point de comparaison avec
une infinité d'auteurs dont les ouvrages, par leurs
théories abstraites et erronées, ne laissent au
lecteur que le choix de s'endormir à la lecture,
ou de se meurtrir le front contre des raisonnements impraticables et inintelligibles.

Des Avantages de la Taille et de ses Inconvénients.

Si je n'écrivais que pour un pays comme le nô-
tre, où la culture du mûrier est peu connue ou
tout au moins fort en retard, mon ouvrage ne re-
tracerait simplement que ce que l'expérience m'a
appris; mais, fait pour éclairer indistinctement
tous les départements de la France, et notamment ceux du Nord, où la question n'est presque
pas comprise, je dois m'étendre jusqu'aux der-

nières limites du sujet que je traite, afin que tout ce qui sera intéressé à me suivre dans le vaste champ de la science, puisse y recueillir quelques fruits utiles.

Je citerai, par exemple, qu'en 1818, époque à laquelle je suis arrivé à Brignais, j'ai observé, dans un domaine appartenant à M. Rivière et antérieurement à M. Girardon, une certaine quantité de très-vieux et très-beaux mûriers, quoiqu'ils fussent restés, depuis la révolution de 89, entre les mains de grangers dont les soins s'étaient bornés à en retirer le produit ; ces arbres étaient d'une vigueur parfaite.

J'ai vu depuis lors la main meurtrière de l'ouvrier sans intelligence couronner ces arbres après la cueillette de la feuille. Cette opération, à ma connaissance, s'est faite trois fois à la même époque ; aussi ne reste-t-il plus aujourd'hui que quelques lambeaux de ces arbres séculaires, tandis qu'avec les soins éclairés d'une bonne culture, ils seraient probablement encore l'ornement de la contrée.

Quoique je regarde la taille annuelle comme désastreuse pour le mûrier, je ne suis cependant pas de l'opinion de certaines gens qui pensent que la feuille vigoureuse est peu soyeuse et nuisible aux vers à soie ; je proteste contre cette idée.

En 1837, je fis éclore une demi-once d'œufs; les vers à soie, dès leur naissance, furent nourris avec les petits bourgeons des jeunes mûriers jusqu'à leur quatrième maladie; dès le moment de la grosse brife, ils n'eurent pour nourriture que de la feuille de trois ans de greffe, que je fis couper aux ciseaux, sur l'arbre, afin de ne pas endommager les sujets.

Je puis donc comparer cette feuille à celle d'un mûrier taillé d'un an, car j'obtins un résultat qui dépassa mes espérances, le produit en cocons ayant été de 27 kilog. et de première qualité.

Il n'y a guère que trente à trente-cinq ans que le mode de taille est en usage dans le Midi. J'ai fait des questions aux hommes les plus anciens que j'aie rencontrés soit dans le Vivarais, soit dans la Drôme, soit dans le Languedoc, soit enfin dans la Provence et le Bas-Dauphiné; tous m'ont répondu que de leur temps on ne taillait que de trois en quatre ans.

Nous examinerons d'abord les désavantages que présente la taille des jeunes mûriers en été, nous étant particulièrement occupé de cette question, et nous dirons ensuite quelques mots sur les vieux.

Le premier et le plus grand inconvénient de la taille que l'on fait subir aux jeunes mûriers pendant l'été, est le retour de leur accroissement. Le propriétaire, avec le même travail et les mêmes dépenses, n'obtiendra guère, avant douze à quinze ans, les résultats qu'il eût certainement obtenus après sept à huit ans, s'il eût fait l'opération dans le mois de mars. En effet, ceux-ci seront toujours vigoureux et d'une bonne venue, tandis que les premiers seront inévitablement souffrants et couverts de chancres : cette peste est sans remède.

Les jeunes arbres taillés en été de deux à trois yeux sont obligés de recommencer; ils ne peuvent se former en tête, parce que les rameaux du jeune arbre destinés par la nature à former ses principales branches, se trouvant raccourcis et mutilés au moment le plus actif de la sève, doivent être nécessairement arrêtés dans leur développement. De là il résulte, et par suite de tailles intempestives, que l'arbre est en quelque sorte mort-né, et que ses branches, dépourvues de nerfs, ne présentent aucune sécurité à ceux qui sont chargés de cueillir la feuille; et de là aussi, par conséquent, les chutes nombreuses et déplorables.

Mais que, conformément à la bonne méthode, l'opération se fasse dans le mois de mars, alors les conséquences seront tout-à-fait différentes. La circulation de la sève, ayant lieu graduellement et sans obstacles, se portera dans toutes les parties de l'arbre, et jusqu'aux dernières extrémités de ses branches; les feuilles seront belles et abondantes; il prendra un développement et une vigueur tels que tous les habitants du village, s'il était possible, pourraient impunément et sans danger y faire la cueillette.

Le mûrier est incontestablement moins cassant que les arbres fruitiers, et j'ose affirmer qu'étant bien traité, il peut le disputer au chêne en force et en durée. Il est donc tout-à-fait injuste, de la part de ceux qui ne savent pas l'apprécier, de mettre sur son compte les accidents qui arrivent à ceux qui en cueillent les feuilles.

Nous avons dit que la taille en été retarde l'accroissement de l'arbre; nous ajouterons que ces plaies sans cesse renouvelées, ces chancres qui en sont la suite, cette taille presque horizontale pratiquée dans le Midi, et dans un temps inopportun, sous prétexte de ramasser la feuille avec facilité, tout cela doit amener une caducité prématurée, et la preuve de ce que j'avance se trouve dans le Languedoc, où ce système vicieux de taille est en usage. Il est donc aussi pressant qu'indispensable de substituer à ce mode déplorable un mode qui laisse à l'arbre la liberté de profiter de l'abondance de sève dont il a besoin plus que tout autre en raison de son utilité, et cela lui formera promptement une tête pourvue de branches saines respectées par la serpette. Alors il rendra avec usure et de bonne heure le prix des dépenses qu'il aura occasionnées, et, préparé par la bonne disposition de ses mères-branches, il accomplira une longue carrière, à la suite d'une végétation vigoureuse et constamment productive.

Quant à la taille des vieux mûriers, la méthode suivie dans presque tout le Midi a l'inévitable désavantage de priver le propriétaire de son revenu, et cependant cette opération ne tend à rien moins qu'à en obtenir la plus grande quantité de feuilles possible, à rendre la cueillette plus facile, moins dangereuse, et à prolonger surtout la durée. Mais on ne sait pas, parce qu'on n'a pas cherché à se pénétrer de cette vérité, que toute taille faite en été est contraire à la durée, parce qu'elle a des principes subversifs de la nature végétale. C'est à l'entretien et à la conservation de ces arbres, une fois venus, que l'agriculteur devra ses bénéfices et la possibilité de se livrer à de nouvelles plantations.

Il coûte moins de conserver ce qui est bien établi que de courir les chances d'une création nouvelle. Il ne faut pas reculer devant une suite de dépenses nécessaires, lorsqu'elles peuvent rapporter des avantages immenses. Si l'on ne peut

confier ses arbres à des ouvriers habiles et intel-
ligents, il vaut mieux n'en planter que cinq cents
auxquels on donnera tous les soins, plutôt que
mille livrés à des domestiques qui n'auraient
aucune notion de cette importante culture.

Vingt-deux années d'expérience m'ont convaincu que la taille est indispensable en mars et
au départ de la sève; elle est de toute nécessité
aux jeunes plantations de même qu'aux vieux
arbres.

Je fais observer que les vieux arbres, pour leur
conservation et leur durée, ne doivent pas être
ravalés, ainsi que je l'ai vu pratiquer jusqu'à
présent. Il n'y a que les branches mortes qui doivent l'être jusqu'au tronc ou jusqu'aux mères-
branches.

Les branches secondaires ne doivent être coupées que d'un à trois pieds de distance des mères-
branches, selon la grosseur de l'arbre. Les brindilles et les lambourdes doivent être parfaitement
enlevées, afin qu'elles n'absorbent pas une partie
de la sève, ce qui nuirait au développement des
nouvelles branches qui doivent en profiter.

Je ne partage pas l'opinion de ceux qui pensent
qu'il est avantageux de supprimer la taille du
mûrier, ainsi que de beaucoup d'autres arbres,
au moyen d'un élagage très-léger; je proteste
contre cette idée, mais, n'écrivant que pour le

mûrier, je renfermerai ma réfutation dans ce sujet.

Le mûrier ne peut se passer de taille, il est facile de s'en convaincre à l'aspect des cassures et des torsures dont il est saturé lorsqu'il est récemment dépouillé de ses feuilles. Mais à cette époque, je le répète, c'est un très-grand vice de le tailler.

On doit donc s'en tenir à une revue, pour enlever délicatement les branches cassées et tordues qui nuisent à la végétation; et pour parer avec succès à cet inconvénient, il faut avoir un onguent préparé avec de la terre glaise, de la poussière de foin très-fine et de la fiente de vache. On en couvre les plaies de l'arbre, qui ne sont autre chose pour la sève que ce que sont les veines ouvertes pour le corps humain. Cette opération doit être soigneusement exécutée après la cueillette des feuilles.

Je citerai quelques notes que j'ai obtenues de certains observateurs qui, frappés des inconvénients de la taille pratiquée dans le Midi, et persuadés avec raison qu'elle est la cause du dépérissement du mûrier, prétendent qu'il serait possible de ne pas tailler du tout. Il est certain que cet arbre, non taillé et non ramassé, présenterait un aspect tout autre s'il n'était pas soumis à cette mesure d'intérêt; sans aucun doute, il

pourrait être classé parmi les arbres forestiers,
tels que le marronnier, le platane et l'ormeau.

Sa vigueur le mettrait dans le cas de remplir
un beau rôle sur la scène de la nature, soit par
ses proportions, soit par la beauté de ses feuilles,
soit par son air de propreté. Néanmoins je soutiens que la taille au mois de mars ne dérange
rien à ces conditions, tandis qu'en suivant la
méthode du Midi, elle ne fait simplement que
produire une vigueur factice, et, à l'âge où il de-
vrait payer le cultivateur des peines et des frais
qu'il a coûtés, il manifeste déjà des symptômes
de décrépitude. La taille de juin et de toute autre époque que celle de mars doit être absolument
rejetée.

Il est facile, au surplus, de se convaincre que
la taille faite en juin est nuisible. La soustraction
des feuilles contraint nécessairement la sève à
refluer dans le corps de l'arbre, dans les racines
et dans les branches. Il est urgent qu'elle s'y
introduise pour éviter les chancres que l'arbre
repousse au plus vite. La taille ne produit que
des effets contre nature, car, en enlevant à l'arbre une grande quantité de branches de toutes
grosseurs, la sève devient surabondante pour
celles qui restent; alors la circulation, devenant
irrégulière et gênée, et ne pouvant plus absorber
les sucs nourriciers, produit une quantité de jets

verticaux, serrés, à larges feuilles, et d'une verdure admirable. Le cultivateur ignorant, abusé par cet effet apparent, se persuade que la taille est nécessaire après la cueillette, d'autant plus que les arbres qui n'ont point été soumis à cette pratique ne lui offrent pas un aspect aussi florissant. Mais il ne fait pas attention au mal caché, au mal à venir; il n'aperçoit pas l'hiver qui tôt ou tard doit appesantir sa main de glace sur ces arbres orgueilleux, et leur faire payer cher des airs de prospérité apparente.

Pour se convaincre du refoulement de la sève par la taille de juin, on n'a simplement qu'à tailler un arbre et examiner le tronc; on verra une infinité de gouttières de sève dont les principes corrosifs pourrissent la partie ligneuse, et forment ces cavités énormes dont la plupart des arbres taillés ainsi nous offrent le spectacle.

Je ne cesserai également de m'élever contre cette taille absurde et contre nature qui consiste à aplatir le sommet de l'arbre ou à niveler les branches, de manière à lui donner la forme d'une table ronde. Il prend, je le conçois, une tournure agréable, et l'œil se repose avec plaisir sur cet effet symétrique; mais tous les arbres, en général, ayant une conformation pyramidale et arrondie que leur imprime la nature, on ne peut impunément, et sans conséquences fâcheuses, déranger ce principe de développement. Ainsi tous ceux que l'on soumet à cet absurde nivellement doivent languir et travailler beaucoup avant de retrouver la forme sphérique à laquelle la nature les a prédisposés.

J'ai cru devoir m'arrêter un instant sur ces observations générales qui servent de base à la méthode que je prétends exposer. Cette méthode, présentée isolément et sans le secours du raisonnement, n'obtiendrait peut-être pas beaucoup de confiance ; ce ne serait qu'une opinion à ajouter aux nombreuses opinions émises sur cette matière. J'ai donc été obligé de m'appuyer sur des faits incontestables, parce qu'ils sont le résultat d'une longue expérience.

Si cependant il restait encore quelques doutes dans les esprits, si le public n'admettait qu'avec réserve les lumières que je cherche à répandre sur cette question, qu'il se donne la peine, s'il lui est possible, de venir visiter à Brignais une vaste plantation nouvelle à laquelle je donne mes soins : là, j'ose le dire, je le mettrai dans l'impossibilité de reculer devant l'évidence : il palpera la vérité.

Quand à ceux qui ne pourraient ou ne voudraient pas me procurer l'avantage de les voir, je les engage, s'ils sont désireux d'approfondir l'objet, à faire une petite expérience dans leurs propriétés ; je leur offrirai de bon cœur les mûriers nécessaires, à la seule condition qu'ils voudront bien m'en faire connaître les résultats.

Je sens vivement le désir d'être utile à mon pays ; c'est pourquoi je fais tous mes efforts pour propager la culture du mûrier. Je ne prétends pas m'assimiler à l'illustre Parmentier, mais, ainsi que lui, j'ai la conscience du bien que je veux faire et des trésors que renferme cette nouvelle culture ; heureux si je puis obtenir, pour prix de mes longs et constants travaux, l'estime et la confiance de mes concitoyens !

De la Plantation des jeunes Mûriers.

Quoique j'écrive spécialement pour la taille, je sens la nécessité de dire quelques mots sur la manière de planter.

Il serait difficile, en effet, d'obtenir des résultats heureux si les arbres étaient mal plantés, et la meilleure taille ne saurait remédier aux inconvénients de cette première faute.

Bien convaincu de l'importance de ce point, j'ai l'honneur d'annoncer à ceux qui auraient l'intention de m'accorder leur confiance pour la conduite de nouvelles plantations, que je n'accepterais cette tâche qu'autant qu'elles n'auraient point passé par d'autres mains, et j'invite chaque propriétaire à ne pas faire une plantation de ce genre sans qu'elle ne soit présidée par lui-même.

Un préjugé généralement reçu est qu'il faut planter profondément les arbres, afin de les soustraire à l'action de la sécheresse ; cette opinion erronée est aussi partagée par des écrivains sans expérience et par de prétendus agronomes distingués.

La sécheresse se fait bien plus long-temps sentir à sept ou huit décimètres de profondeur qu'à quinze ou seize centimètres, où les premières pluies, si légères qu'elles soient, peuvent pénétrer, atteindre les racines et leur communiquer la vigueur nécessaire, pourvu qu'on ait soin de les tenir cerclées et binées convenablement. De cette manière, les mauvaises herbes n'absorbent ni la fraîcheur ni les sucs nourriciers de la terre.

Il en est de même des terres fortes et argileuses, qui n'ont le plus souvent que cinq à six pouces de superficie végétale. Si l'arbre est planté plus profondément, on conçoit que ses racines y resteront concentrées comme dans un vase, et il périra indubitablement.

Il convient donc de planter le mûrier de manière à ce que les racines puissent prendre leur point de départ entre la terre végétale et la terre affaissée, puisque, cette première couche recevant le labourage, les engrais et les météores qui la fécondent procurent une bonne végétation à tout ce qui lui est confié.

Pour avoir une certitude complète de ce que j'avance, on n'a qu'à arracher un arbre de dix ans après sa plantation; on trouvera la racine, depuis le collet jusqu'à l'extrémité, dans le même état où elle était la première année. Qu'on reporte ensuite ses regards vers les forêts, on y verra des glands, des châtaignes et des frênes qui ont germé sous les feuilles et sous la mousse sans le secours de l'homme.

Les arbres d'une stature colossale sont si peu enfoncés dans la terre, que des racines longues de plusieurs mètres se montrent très-souvent à la surface.

J'ai vu des mûriers portant quatre à cinq quintaux de feuilles, présenter aussi, à la surface, des racines d'un mètre de circonférence, et qui avaient grossi progressivement avec le corps de l'arbre.

Je ne parlerai point ici des dimensions qui conviennent aux fosses et aux creux pour la plantation; cela est indiqué au chapitre Ier.

Il faut avoir soin de rafraîchir les racines qui auraient pu être endommagées soit en arra-

chant l'arbre, soit par la pression de l'emballage.
Cette opération ne doit être faite qu'avec une
serpette bien tranchante; il faut aussi se bien
garder d'employer le sécateur, qui presque toujours froisse le bois de quatre millimètres au
moins.

Si cette opération a lieu au moment où le
mouvement de la sève se manifeste, la fonction
du sécateur fait écailler l'écorce et produit un
chancre aux racines, ce qui tend à la perte de
l'arbre.

Il faut, autant que possible, pour faciliter la
reprise, garnir les racines de terre bien meuble.
L'époque la plus favorable pour les plantations,
dans le département du Rhône, est à la fin d'octobre, aussitôt que les arbres perdent leurs
feuilles, à cause des grandes sécheresses.

Le département de l'Ain a des contrées où
cette époque convient; mais la majeure partie
peut prolonger ses plantations avec avantage jusqu'au 20 avril, en ayant soin que les creux ou
fosses ne soient faits qu'au fur et à mesure, de
crainte que, pratiqués d'avance, ils ne se rem-
plissent de l'eau retenue par l'argile, ce qui occa-
sionnerait de grands frais pour l'extraire. Une
plantation faite dans un mélange de terre et
d'eau se trouverait dans un ciment très-perni-
cieux.

Si on se trouvait dans le cas de faire des plantations en automne, dans des terrains argileux, il faudrait, après avoir planté, amonceler la terre au pied de l'arbre, en forme pyramidale, afin d'empêcher l'eau d'y séjourner pendant l'hiver ; avec cette précaution, la plantation de novembre sera toujours préférable à celle du printemps.

On ne doit jamais arrêter l'arbre avant l'hiver ; il faut attendre le départ de la sève pour ravaler à trois pouces de longueur les branches sur lesquelles il a été dressé en pépinière.

Des Soins à donner aux Mûriers.

PREMIÈRE ANNÉE DE PLANTATION.

Il faut ébourgeonner le jeune mûrier tout le long de la tige, et ne lui laissr pousser que trois ou quatre branches pour former sa tête.

Si, comme cela arrive souvent, une branche prend sur les autres une supériorité trop sensible, il faut la supprimer, ou la ravaler simplement si la suppression devait rendre l'arbre difforme.

Cette mesure est très-nécessaire, car différemment cette branche finirait par absorber la sève des plus faibles, ce qui nuirait au développement régulier de la végétation.

Plus les nouvelles plantations recevront de culture, plus elles prospèreront. Néanmoins il faut éviter, autant que possible, de leur donner des labours la veille d'une pluie; le temps le plus convenable est le lendemain.

Si quelques beaux jours succèdent à l'opération, elle ne doit être faite qu'à un ou deux pouces de profondeur, avec un racloir ou une bigue à deux ou trois dents, selon la qualité du terrain. Il faut émietter la terre avec soin, afin de resserrer ses pores, ce qui fait que l'air et le soleil l'échauffent sans la pénétrer trop avant, et maintiennent à ses racines la fraîcheur nécessaire.

DEUXIÈME ANNÉE.

La deuxième année de plantation, on s'occupera, dès le commencement de mars, à tailler les jeunes mûriers; on enlèvera d'abord les chicots morts, et on recouvrira les plaies avec l'onguent dont il a été question au chapitre qui traite de la cueillette des feuilles.

On taillera les jeunes rameaux de six à huit pouces de longueur, c'est-à-dire de quatre à cinq yeux, selon la vigueur de l'arbre; la tête doit être formée par trois ou quatre branches au plus, en observant de tailler de manière que l'œil de l'extrémité se trouve placé du côté où la mère-branche doit prendre sa direction, afin d'établir un parfait équilibre à la sève.

Au mois de mai, il faut avoir soin de bien ébourgeonner à la serpette, car, si on le fait sans cet instrument, on ouvre à la sève un passage très-nuisible à l'arbre. Il ne faut laisser absolument que les branches qui doivent former l'arbre, à moins que l'on ne se trouve dans une localité où les vents font du ravage. Dans ce cas, il faut laisser autant de branches supplémentaires que de mères-branches, afin de prévenir le mal.

TROISIÈME ANNÉE.

Si l'ébourgeonnement n'a pas été fait, on choisira les trois ou quatre rameaux qui présentent le plus d'équilibre, et on enlèvera tous les autres avec une bonne serpette. Au mois d'avril et au mois de mai, même ébourgeonnage que ci-devant. Les bourgeons peuvent être utilisés avec avantage pour la nourriture des vers à soie, et l'opération sera compensée par ce produit.

QUATRIÈME ANNÉE.

On continuera de tailler en mars de la même manière que les années précédentes, ayant soin d'augmenter les mères-branches de quatre à cinq yeux, c'est-à-dire de huit à dix pouces de longueur. Même ébourgeonnage en mai.

CINQUIÈME ANNÉE.

Les jeunes mûriers sont arrivés à un tel état de progression, qu'ils sont près de rendre largement au propriétaire le bénéfice des soins qu'ils en ont reçus.

Les arbres ainsi conduits peuvent donner, dès la première année, de 40 à 50 livres de feuilles.

C'est là que l'on doit commencer la division de la taille. Au mois de mars, il faut en tailler un tiers, ainsi que je l'ai dit plus haut, et continuer l'ébourgeonnage.

On pourra cueillir la feuille des deux autres parties, en observant scrupuleusement que, ces jeunes arbres, avec leur écorce tendre, lisse et pleine de sève, ne pouvant supporter encore l'échelle, il faut se servir d'une double échelle.

Dès que la cueillette est faite, on doit suivre les jeunes mûriers, afin d'enlever les nouvelles branches qui pourraient être endommagées, ainsi que je l'ai indiqué au chapitre 2.

De la Culture des Mûriers, et de la Distance qu'ils doivent avoir entre eux.

Quoique le mûrier soit un des arbres les plus robustes, et qu'il s'accommode facilement de toutes sortes de terrains et d'expositions, résistant même aux conséquences d'une plantation vicieuse et à une taille qui pourrait détruire complètement la végétation d'un arbre moins vigoureux, il ne saurait survivre néanmoins à la négligence et à l'abandon de l'homme; c'est une vérité incontestable.

On citera peut-être quelques vieux arbres abandonnés sur le bord des terres, mais on ne fait pas attention que ces arbres profitent de la culture annuelle de ces terres.

Les racines du mûrier s'étendent fort loin, et vont chercher quelquefois à une grande distance les sucs qui leur sont nécessaires. Si l'on me donne comme objection l'exemple des mûriers de soixante-dix à quatre-vingts ans, qui ne produisent que trente à quarante livres de feuilles, mon argument n'est nullement détruit, par les raisons que j'ai données ailleurs.

On doit toujours l'éloigner des prairies artificielles d'un décimètre au moins, ce qui ne peut causer aucun inconvénient au cultivateur intelligent qui sait varier ses récoltes avec avantage.

Les parcelles de terrains occupées par les mûriers peuvent être cultivées en plantes cerclées, telles que betteraves champêtres, pommes de terre, carottes blanches à collet vert, vulgairement dites carottes à cheval. Il doit exister un espace d'un mètre de chaque côté de l'arbre, sur toute l'étendue de la ligne, sans aucune récolte. Cette surface sera soigneusement binée aux mêmes époques des plantes sarclées ses voisines. Les plantations de mûriers dans les prés et les vergers ne donneront jamais de résultats assez grands pour dédommager des frais d'établissement ; les propriétaires abusés en faisant de semblables plantations ne se résoudront jamais à cultiver un assez grand espace de terrain pour aider à leur développement. Il est donc plus convenable, pour celui qui n'a pas de vastes propriétés et qui veut jouir des avantages que procure le mûrier, d'arracher toutes les mauvaises haies de buissons, qui ne sont que les repaires de mille insectes différents, et de les remplacer par des haies de mûriers, parmi lesquels il en plantera de greffés à hautes tiges, et sur la même ligne à neuf mètres de distance.

La quatrième année de plantation, le propriétaire trouvera en feuilles un produit qui compen-

sera ses frais, et une quantité de bois bien supérieure à celle que produisait sa haie roncière et
épineuse.

Celui qui se dispose à de nombreuses plantations, et à couvrir exclusivement de grandes surfaces, doit, autant que possible, former un clos
qui soit entouré de haies de mûriers non greffés
et plantés à dix-huit pouces de distance ; ensuite
il doit diviser la localité de manière à y planter
des mûriers à hautes tiges de treize mètres de
distance, et sur la ligne, entre les arbres à hautes
tiges, deux mûriers nains ; après quoi, entre les
deux lignes d'arbres, il plantera encore deux lignes de nains à dix pieds de distance. Ces inter-
valles pourront être cultivés pendant cinq ans
de la manière indiquée plus haut. Les haies de
mûriers non greffés doivent être alternées dans
leur taille, par tiers, d'après le mode des greffés.

On ne doit pas ramasser la feuille la première
année de la taille ; il faut se contenter d'enlever
toutes les brindilles qui nuisent au développement de la végétation. Pendant deux ans il faut
opérer de la sorte, et la troisième année cueillir
totalement la feuille.

Beaucoup de propriétaires, peu familiers ou
tout-à-fait étrangers à cette culture, tourneront
peut-être en ridicule ou regarderont comme oi-
seuses toutes mes observations; ils diront que, le

pays n'étant pas propre aux mûriers, ils n'ont que faire de prendre tant de soins et de peines. Mais comme leur manière de penser est le fruit de l'ignorance, et que mes longs essais et ma vieille expérience m'ont convaincu que non-seulement ici, mais partout ailleurs en France, il est possible de cultiver cet arbre avec succès, je ne reculerai pas devant le préjugé, et j'espère bien qu'avec de la persévérance et le secours des hommes progressifs, je finirai par inculquer aux esprits même les plus prévenus une opinion contraire.

Je répète ce que j'ai déjà dit, que la culture du mûrier, indépendamment de sa supériorité productive sur les céréales et les vignobles, a de plus l'avantage incalculable de devenir un complément aux travaux de la campagne.

Dans un domaine, au lieu d'employer les domestiques à l'entretien de mauvaises haies de buissons, on les occupera plus utilement à labourer des lignes de mûriers.

Dans les pays de vignobles, on pourra mettre également les vignerons à ce travail. Après les vendanges et à la fin de mars, ils feront un binage à la suite de leurs façons de vigne; un second binage aura lieu aussitôt la feuille cueillie.

Pour économiser les frais de culture, les labours des grandes plantations seront faits à la raire, au moyen d'un cheval ou de deux, attelés l'un devant l'autre, et d'un harnais sans attelle et sans palonnier, afin de ne pas endommager les arbres; car, après cette disposition, il ne restera pour la main de l'ouvrier que le pied des arbres.

De la Taille des vieux Mûriers.

Les vieux mûriers étant en très-petit nombre, soit dans le département du Rhône, soit dans ceux du Nord, j'ai hésité d'en parler; mais, réflexion faite, j'ai pensé que ce travail serait incomplet si je n'en disais au moins quelque chose. La taille ne pourrait être parfaitement démontrée que sur les lieux. J'en ai donné quelques notions dans la première partie, au chapitre 5, ce qui est à peu près suffisant pour de vieux arbres auxquels il n'est pas permis de donner une nouvelle forme. Tout ce que l'on peut faire, c'est de procéder à de légers élagages, afin de supprimer les branches fracassées en cueillant la feuille. Après cela on pratiquera une nouvelle taille tous les trois ans au mois de mars.

Pour briser les barrières qui s'opposent à la propagation des mûriers dans les pays où ils ne sont encore qu'en petit nombre et dans ceux où il n'y en pas du tout, il serait à propos que les riches propriétaires qui en ont déjà fait l'essai, et ceux qui ont l'intention de les imiter, accordassent des primes d'encouragement, non-seulement à leurs fermiers et à leurs grangers, mais encore à leurs domestiques. La main-d'œuvre deviendrait moins coûteuse en raison de l'énergie et de l'émulation qui s'établiraient dans le travail, et l'intérêt personnel, noblement stimulé de la sorte, produirait sans doute des esprits observateurs qui, s'appuyant sur une pratique laborieuse, feraient faire à cette science intéressante des progrès rapides et nécessaires.

Des Avantages du Mûrier sauvage et du Mûrier Moretti.

Les grands éducateurs de vers à soie s'accordent à dire que la feuille du mûrier sauvage est supérieure à celle du mûrier greffé. Ils prétendent que les insectes qui en seraient alimentés jouiraient d'une santé parfaite, et ne seraient point assujettis aux maladies qui entraînent souvent leur non-réussite et la ruine des éducateurs.

Le mûrier sauvage est, en effet, beaucoup plus vigoureux, et sa durée est éternelle. Le produit de sa feuille est moindre en quantité, mais cette feuille est plus nutritive. Les éducateurs observateurs et expérimentés assurent que 50 livres de feuilles sauvages équivalent à 80 de celles greffées.

Néanmoins, les difficultés de la cueillette que présente le premier feront toujours adopter l'arbre greffé, du moins à l'égard des hautes tiges. Il faut donc se borner, en ce qui concerne les sauvages, à planter la plus grande quantité possible en espèces naines et à taillis. Mais pour faire cette opération d'une manière judicieuse, et ne pas être trompés dans ses résultats, les planteurs devront visiter les pépinières en septembre et octobre, afin de choisir ceux qui ont de grandes feuilles et peu laciniées ; ce sont des variétés qui proviennent des semences de mûrier greffé, et qui l'égalent presque en produit et le surpassent en qualité.

Ce serait pure perte que de planter ceux qui sont entièrement sauvages, et dont la feuille est pour ainsi dire semblable à celle du persil et de l'aubépin.

MÛRIER MORETTI.

Ce mûrier franc de pied porte une belle feuille, bonne pour l'éducation des vers à soie ; c'est une importation d'Italie qui a déjà flatté les yeux de tous les horticulteurs en France, et l'impression favorable qu'il a produite sur une infinité d'esprits a été aussi grande au moins que la déception à laquelle il a donné lieu.

Il est fort à regretter que cette variété soit si sensible à l'action du froid, car elle aurait pu être employée avantageusement en taillis et en nains; mais, d'après mon expérience, je soutiens que, toutes les fois que la température s'abaissera de quinze à seize degrés au-dessous de zéro, le mûrier Moretti sera complètement détruit. J'ajoute que, si j'en recevais quelques commandes de la part de mes commettants, je me permettrais de ne pas répondre à leur désir, pour ne pas les engager dans des dépenses inutiles.

De la Greffe.

On est encore bien loin de s'accorder sur la manière de greffer. Dans les départements de l'Ardèche, de la Drôme et de l'Isère, les propriétaires ne se soumettraient pas à planter un mûrier greffé au pied; ils prétendent que de la sorte il court la chance d'être fendu par la gelée ou brûlé par la sécheresse. Ils enlèvent donc leurs mûriers sauvages, et, après les avoir transplantés, ils les greffent l'année suivante. Je partage entièrement cette opinion, par expérience acquise sur des mûriers sauvages plantés à côté de mûriers greffés. En 1822, les premiers avaient acquis une vitalité bien plus longue que les derniers.

J'aurais déjà fait usage de la greffe en tête; mais comme les pieds ne sont jamais aussi lisses que ceux des mûriers greffés, et que les riches propriétaires peu connaisseurs s'imaginent que l'arbre est de mauvaise venue, je me suis abstenu, jusqu'à ce que le temps des appréciateurs soit arrivé.

Il ne faut donc pas s'étonner que la plupart des pépiniéristes aient plus ou moins de cultures factices, puisque la majorité des amateurs dépourvus de connaissances nécessaires ne juge que par le coup-d'œil. Malgré les avantages que le mûrier greffé en tête présente pour la durée, je ne le multiplierai cependant que sur une petite échelle, par rapport aux inconvénients que dans ce pays et les départements du Nord on éprouverait, n'étant pas assez familiarisé avec le greffe.

La greffe à la flûte est la préférable pour faire cette opération en tête. Il faut avoir soin, pour l'un et l'autre mode, de couper les baguettes en février, avant que la sève n'ait fait aucun mouvement, ensuite les enterrer dans du sable ou de la terre bien meuble jusqu'à la fin d'avril où l'on commence la greffe.

La greffe à la flûte est en usage dans l'Ardèche, la Drôme et l'Isère. J'ai vu des greffeurs poser sur de vieux mûriers deux cents greffes à la flûte de peur d'en manquer, et elles réussirent toutes. Cent greffes qui rendaient l'arbre trop touffu furent coupées au bout d'un an, et produisirent 120 livres de feuilles.

La greffe à l'écusson est moins avantageuse, et nécessite plus de dépenses que cette dernière.

J'en ai indiqué l'époque pour le Lyonnais et ses environs, mais elle varie selon le climat et le plus ou moins d'humidité de l'année.

Du Mûrier nain.

A l'exemple d'un certain nombre de propriétaires innovateurs, la propagation des mûriers nains marche à pas de géant, et j'ai la conviction qu'à mesure qu'on reconnaîtra les précieux avantages qu'on en peut retirer, ils s'étendront jusqu'aux dernières limites du possible.

De toutes les améliorations que le propriétaire

est susceptible de faire dans ses cultures, c'est peut-être la seule qui lui donnera amplement tous les résultats qu'il s'est promis ; de plus, la grande facilité que le mûrier nain offre pour cueillir les feuilles lui donne un avantage réel sur le mûrier à haute tige, surtout aux premiers âges des vers à soie, où, peu de monde étant employé, des enfants bien dressés peuvent sans aucun danger remplir cette condition de travail. Si on a soin de placer les magnaneries près des plantations, la cueillette peut être faite par les personnes même chargées de l'éducation des insectes, sans qu'il en résulte le moindre préjudice.

Il faudrait avoir de la feuille de mûrier nain ou de haie, au moins pour les conduire jusqu'au troisième âge. Non-seulement il y aurait économie pour la cueillette, mais cela donnerait à la feuille des mûriers greffés le temps suffisant pour se développer. On éviterait par là de ramasser cette feuille dans un temps où les vers à soie mangent peu. Ajoutons qu'on ne serait pas tenu de la cueillir lentement et par gradation, ce qui nuit à l'arbre, parce que les rameaux encore garnis de leurs feuilles tirent évidemment des branches dépouillées la sève qui a été refoulée.

Les mûriers nains qui auraient été plantés avec soin et taillés périodiquement pendant quatre

ans, au mois de mars, pourront donner au mini-
mum 25 livres de feuilles à 3 fr. 50 cent. les 50
kilog., prix le plus minime.

Les jeunes mûriers, à quatre ans, auront donc
payé tous les frais qu'ils auront coûtés.

Les distances les plus convenables pour les
planter sont de huit pieds sur la ligne et de dix
de largeur.

On fera entrer dans une bicherée lyonnaise,
qui est de douze mille pieds carrés, cent cin-
quante mûriers nains qui auront coûté, avec frais
de plantation, 154 fr. à la quatrième année; on
trouvera donc un revenu net de 3,750 kilog. de
feuilles, qui, valant 3 fr. 50 cent. les 50 kilog.,
produiront un total de 118 fr. 50 cent. par bicherée, et c'est le résultat le plus faible que l'on
puisse obtenir d'une plantation bien faite et bien
conduite.

La taille des mûriers nains sauvages peut être
pratiquée tous les deux ans; dans ce cas, il faut
en tailler la moitié chaque année, dans le mois
de mars et dans le mois de mai, ébourgeonner
soigneusement les petites lambourdes et brindilles intérieures, qui finissent par périr par
l'emportement de la sève et rendent difficile la
cueillette de la feuille.

Il est donc d'un grand intérêt d'exécuter cette
opération avec soin, soit pour l'accroissement de

l'arbre, soit pour la feuille qui sert de nourriture aux vers à soie.

Mon opinion serait de reléguer cette espèce de mûriers parmi les arbres peu élégants et qui n'ont d'autre mérite que celui de produire. Peu d'arbres étrangers égalent sa belle verdure et fournissent un ombrage aussi épais. Il peut être classé parmi les plus touffus, au moyen de la taille.

Ceux qui ont parcouru le Vivarais et le Midi, et qui ont remarqué çà et là des contrées si fraîches, si magnifiques, ont pu s'apercevoir que toutes ces beautés de la nature sont dues aux plantations de mûriers.

Les amateurs de parcs et de jardins d'agrément pourraient, avec des moyens limités, adopter aussi cet arbre intéressant pour prolonger leurs avenues et leurs promenades. Par ce moyen, ils concilieraient le plaisir des yeux avec leur intérêt. Ce n'est pas tout ; les malheureux qui les entourent y trouveraient un moyen de plus d'existence, par le travail multiplié qu'occasionne cette branche de culture.

Ceux qui adopteront cette idée devront mêler avec intelligence des plantations et des taillis aux vergers et aux bosquets ; leurs propriétés en deviendront au moins plus pittoresques et certainement plus lucratives.

C'est un préjugé que de croire qu'un parc doit
être entièrement planté de végétaux exotiques;
cela n'a qu'un but, celui de satisfaire l'œil de l'a-
mateur. Le mûrier, joignant l'utile à l'agréable,
peut y déployer le charme de sa brillante verdure,
et produire en même temps un intérêt incontestable.

Du Mûrier multicaule.

Si j'élève quelques observations critiques sur
cette variété, ce n'est pas pour la déprécier. Ce
n'est pas non plus pour blâmer ses partisans;
ils sont assez à plaindre, selon moi, d'en avoir
adopté la culture, et de s'être livrés à de brillantes
espérances, sur la foi de certains écrivains qui
n'ont aucune notion exacte de la science horti-
cole, ni de la physiologie végétale.

Le sentiment qui a porté M. Bonafous à l'introduire en France est sans aucun doute un
sentiment honorable, un sentiment d'intérêt national, et son caractère est trop au-dessus des sup-
positions défavorables pour qu'on ne soit pas convaincu qu'il a eu seulement le tort de se tromper.

Il est pourtant fâcheux que sa haute recommandation ait poussé les départements du Nord, et notamment les environs de Paris, à des frais énormes qui n'ont point encore rendu et qui ne sauraient rendre des résultats positifs.

Non-seulement on s'est livré à de grandes plantations de mûriers multicaules, mais encore on a établi des magnaneries modèles, et jusqu'à ce jour aucune compensation n'est venue alimenter les espérances.

Depuis vingt ans, je cultive ce mûrier comme arbrisseau d'ornement. Sa tendance continuelle à pousser du pied, et ses feuilles larges et flasques, m'ont toujours fait remarquer que même les branches qui poussent au-dessus de la tige sont constamment verticales; ce qui m'a donné à conclure qu'il n'est propre qu'à former des taillis ou de belles haies, qu'il faut couper ras-terre tous les deux ans. Il n'y a pas de doute que le multicaule est plus délicat que le sauvage et même que le greffé. Il ne peut prospérer dans un terrain sec et léger que pendant quelques années après sa plantation, qui aura été faite par suite d'un bon défoncement.

Quelques cultivateurs s'accordent à dire que c'est un terrain profond et frais qui convient le mieux à sa culture. Je pense comme eux, mais alors il faut sacrifier les meilleures terres à l'entretien d'un arbre qui ne rapporte rien et coûte beaucoup. J'ai été l'un des premiers dans le département du Rhône à le cultiver en grand, mais avec répugnance. J'ai toujours fait observer aux personnes qui m'ont honoré de leur confiance, que l'on ne pourrait utiliser cette variété qu'autant qu'il serait possible de faire une seconde éducation de vers à soie au mois de juillet, et cela par rapport au retard qu'éprouve annuellement cet arbre par le fait du recèpement. Sa culture, en outre, ne peut être faite avec succès que dans des collines resserrées, à l'abri de la violence des vents, qui, brisant la feuille, lui enlèvent toute sa qualité.

L'éducateur et le cultivateur doivent donc prendre toutes les précautions possibles contre les intempéries des saisons.

J'ai cru devoir, dans l'intérêt des agriculteurs, leur soumettre ces observations. Ils pourront y puiser la méthode la plus sûre pour arriver à leur but. Tout essai sur le multicaule doit être rejeté, attendu que son rabaissement annuel, causé par la gelée, ne permet son développement réel qu'au mois de juillet.

Conclusion.

J'ai exposé autant qu'il a dépendu de moi tous les avantages que présente la culture du mûrier, et la meilleure méthode à suivre pour en obtenir de bons résultats.

Il y a sans doute encore beaucoup à dire. Le champ des observations est trop vaste pour qu'il soit donné à un homme seul de le parcourir dans tous les sens. Les difficultés de ma position ont été et devaient être d'autant plus grandes que, comme je l'ai dit en commençant, n'étant point éclairé par le flambeau de la science, et n'ayant d'autres facultés que celles plus ou moins limitées de ma nature, je me suis trouvé réduit dans mes travaux aux seules ressources de l'amour du travail et d'une persévérance à toute épreuve.

Toutes mes remarques, toutes mes expériences, sont le résultat d'une pratique laborieuse. Il n'est pas un fait avancé qui ne soit incontestable et qui n'ait pour garantie la vérité la mieux établie.

Si je n'étais mû par un sentiment profond de conscience, il m'aurait été facile d'ajouter encore à cet ouvrage ; mais la plupart des matériaux dont j'aurais pu l'agrandir ne me paraissant pas suffisamment élaborés, je préfère m'abstenir de les employer, jusqu'à ce que le temps et les épreuves m'aient appris positivement s'ils comportent la plus parfaite solidité. En attendant, je crois avoir rempli un vide en publiant ce traité de culture. Je désire être entendu des petits comme des grands propriétaires, et mon espoir le plus vif et le plus flatteur est d'avoir jeté quelques semences de prospérité dans le terrain de l'intérêt public.

Les nombreuses observations que j'ai faites dans le Midi, dans le département de l'Ardèche et celui de la Drôme, m'ont convaincu que les lois de la végétation sont partout les mêmes, et, lorsqu'une méthode s'appuie sur des principes raisonnés et non systématiques, les modifications qu'entraîne la différence des lieux sont tout-à-fait légères.

Chaque pays n'a-t-il pas ses avantages résultant du climat et de la température?

Les soies du Vivarais et des Cévennes garderont-elles leur supériorité par l'air pur et raréfié qui circule dans les montagnes de ces contrées?

Le Nord, libre de tous préjugés, adoptera plus vite les bonnes méthodes pour la taille des arbres et l'éducation des vers à soie. Il appellera aussi à son aide les inventions utiles, telles que le ventilateur et le calorifère, et ces appareils ingénieux, dont **M.** Camille Bauvais a eu l'heureuse idée de faire l'application aux magnaneries, remédieront à ce qu'une température trop froide ou trop chargée pourrait offrir d'obstacles aux succès des éducations.

Les ventilateurs sont indispensables pour une grande magnanerie, susceptible d'une forte fermentation par la quantité d'insectes et de litière qui y est contenue, pour établir un courant d'air suffisant, puisque cet insecte vit et réussit parfaitement en plein champ et donne des cocons de très-bonne qualité.

Les petits propriétaires, qui ne peuvent pas faire la dépense d'un calorifère et d'un ventilateur, peuvent faire leur éducation dans leur cuisine, où le grand air de la porte d'entrée est aspiré par la cheminée, et ils ont la certitude d'un parfait résultat.

Les vers à soie réussissent de sept à huit degrés de chaleur. Il suffit de les tenir bien secs et bien aérés dans un lieu quelconque, mais dégagé de toute espèce de fermentation. Néanmoins celui qui peut établir de quinze à dix-huit degrés de chaleur régulière, avec une colonne d'air suffisante, obtiendra un résultat bien plus satisfaisant en économie, soit sur la main-d'œuvre, soit sur la quantité de feuilles que ces animaux consomment de moins, parce que, la chaleur étant réglée de quinze à dix-huit degrés, l'on peut en vingt-huit jours obtenir les cocons, tandis que, par une chaleur irrégulière de température, on ne peut guère les obtenir qu'en quarante jours; ce qui diminuerait de beaucoup les bénéfices, par la quantité de journées qu'il faudrait employer de plus.

Je ferai observer néanmoins que ces appareils, dont l'utilité ne peut être contestée, pourraient, dans certains cas, ne pas être mis en usage, et je vais indiquer les circonstances dans lesquelles on peut s'en passer et les moyens à employer.

Les personnes dont la fortune est très-limitée, et qui cependant veulent élever des vers à soie, peuvent se dispenser d'acheter un ventilateur et un calorifère en établissant leur magnanerie dans leur cuisine. Cette idée paraîtra peut-être étrange, mais pour ceux qui en ont l'expérience la chose sera tout-à-fait simple et naturelle. En effet, les différents mets qui se préparent dans la cuisine exhalent une odeur qui absorbe la fermentation produite par la litière, et cette fermentation, cause évidente des maladies, se trouve paralysée dans son principe par l'expédient le plus simple et le plus économique.

Dans ce cas-là, il faut placer dans la magnanerie un poêle banal pour tous les ouvriers qui y sont employés, et avoir soin préalablement de faire carreler l'emplacement où il se trouve, afin de prévenir les dangers que l'action du feu pourrait occasionner. Une orangerie est également propre à la chose, car les plantes qui y ont passé l'hiver ont dû absorber les exhalaisons répandues dans l'appartement. Enfin une grange, au-dessus de l'écurie, conviendrait aussi, par la raison que le foin et autres fourrages artificiels assainissent convenablement les étages supérieurs. Je vais en fournir deux exemples.

En 1832, je pris une demi-once de vers à soie, pour mettre à profit les débris de ma pépinière, et en même temps pour faire un essai dans une petite cuisine obscure où souvent la fumée ne permettait pas de rester. Je ne dressai aucune étagère. Au moment de la montée, je mis simplement sur les planches de la paille de choux soutenue un peu au-dessus des vers à soie; je les rapprochai de la cheminée pour leur procurer plus de chaleur, et, lorsqu'ils en furent au travail des cocons, ils allèrent se loger au plancher, qui était tellement enfumé qu'il semblait être peint en noir. Il y en eut même qui s'introduisirent dans la cheminée. En définitive, j'obtins les plus beaux résultats possibles.

J'ai un frère qui habite St-Geoire, près Voiron (Isère); il m'a écrit dernièrement que, bien que dans beaucoup de pays il y ait eu cette année peu de cocons et de faible qualité, il en a obtenu, lui, cent quarante-cinq livres pour une once et demie de graines.

Ce résultat est certainement des plus beaux, et a été obtenu d'après la méthode que je viens d'indiquer.

Je citerai un autre exemple. Mme Fugier, gouvernante de M. le comte de Voillier, demeurant aussi à St-Geoire, a fait, cette année, l'éducation de deux onces de vers à soie, dans un appartement où elle ne pouvait introduire aucun air du nord, ce qui lui fit concevoir des craintes très-vives de perdre dans un instant tout le fruit de ses peines par une bouffée de vent du midi. Ce fut le jour que les vers à soie avaient commencé leur travail, qu'elle prit cette alarme; mais, éclairée de trente ans d'expérience, elle parvint bientôt à dissiper ses craintes. Il y avait dans l'intérieur de sa maison un escalier en pierre de taille qui montait au grenier; elle le fit arroser avec de l'eau très-fraîche; elle déposa les insectes sur des planches, de manière à pouvoir leur donner tous les soins nécessaires. Cet escalier prenait naissance dans une cave qui avait plusieurs larmiers au moyen desquels l'air pouvait circuler; elle fit ouvrir toutes les croisées du grenier, ainsi que les portes d'entrée du vestibule, afin d'augmenter la densité de l'air. Les vers recouvrèrent aussitôt leur santé naturelle et le courage qui leur était nécessaire pour leur travail. Elle nettoya avec soin l'appartement où l'éducation avait été faite ; elle l'arrosa intérieurement et extérieurement ; elle replaça habilement ses étagères et sa bruyère , et aussitôt elle y reporta ces animaux pour les faire travailler. Ce travail dura environ douze heures, avec le plus heureux succès, puisque de 38 quintaux de feuilles elle a obtenu 105 kilogrammes de cocons première qualité.

Cela me prouve que, pour obtenir la réussite parfaite du ver à soie, il faut apporter les plus grands soins à sa salubrité. Pour cet effet, il faut une chaleur tempérée et très-régulière, et plutôt 15 degrés que 19 ou 20; car la température de St-Geoire, qui sans contredit est bien plus froide que celle de Lyon, à cause du voisinage des montagnes de la Savoie et de la Chartreuse, me fait conclure aisément que ces animaux ne peuvent nullement réussir sans un grand air pur. Dois-je ajouter que c'est au soin pratique que l'on doit un succès si complet dans ce pays, où la température est la même que celle de l'Ain et de la Côte-d'Or? Vingt-deux années d'expérience m'obligent à dire que je n'ai vu nulle part les vers à soie réussir aussi bien qu'à St-Geoire. Il serait à désirer que cette considération fût appréciée par les habitants des départements dont je viens de parler, afin qu'ils imitassent les bons exemples horticoles, pour donner à leur pays cet air de nouvelle vie prospère qui, en augmentant l'agrément de la vue, doublerait en peu d'années leur revenu.

Je ne finirais pas si je voulais aborder tous les faits dont je pourrais appuyer mes principes. Je crois, du reste, en avoir dit assez pour prouver l'importance du sujet que je viens d'embrasser.

Que le public compétent auquel je m'adresse lise avec attention, il en retirera de précieuses conséquences, et j'ose espérer qu'il m'accordera le mérite d'avoir fait quelque chose dans l'intérêt national.

FIN.